Verfahren zur Untersuchung eiserner Dauerbrandöfen

DISSERTATION

zur

Erlangung der Würde eines Doktor-Ingenieurs

Der Technischen Hochschule zu Berlin

vorgelegt am 22. November 1921

von

Gerhardt Brandstäter

Diplom-Ingenieur aus Königsberg i. Pr.

Genehmigt am 12. Januar 1922

1922

Druck von R. Oldenbourg in München

Referent: Professor Dr. techn. Brabbée
Korreferent: Professor Dr.-Ing. Drawe

Erscheint als 16. Beiheft zum Gesundheits-Ingenieur, Reihe 1
34. Mitteilung der Versuchsanstalt für Heiz- und
Lüftungswesen der Techn. Hochschule zu Berlin

Inhaltsverzeichnis.

Verfahren zur Untersuchung eiserner Dauerbrandöfen.

Von Dipl.-Ing. Gerhard Brandstäter.

A. Einleitung.

Die Notwendigkeit, Brennstoff zu sparen, hat Bestrebungen gezeitigt, auch die Hausbrandfeuerung einer Prüfung hinsichtlich ihrer Wärmewirtschaft zu unterziehen.

Nach den bekannten Arbeiten über Kachelöfen[1]) der Versuchsanstalt für Heiz- und Lüftungswesen und den in letzter Zeit veröffentlichten Untersuchungen an eisernen »Irischen Öfen«[2]) von Professor Dr. Bonin, Aachen, lag es nahe, auch die eisernen »Amerikanischen Dauerbrandöfen« auf ihren Wirkungsgrad zu untersuchen.

Für Öfen dieser Art erscheint es wichtig, ihre Betriebsverhältnisse bei verschiedener Einregelung zu kennen, oder, um den Ausdruck aus der Maschinenindustrie zu gebrauchen, den Wirkungsgrad bei wechselnder Belastung zu bestimmen.

Hierbei treten zwei Schwierigkeiten auf:

a) Feststellung einer ausreichend großen Zahl von Versuchspunkten,

b) dabei genügend genaue, gleichzeitig aber auch rasche Ausmittelung der Beobachtungswerte.

Die bisher bekannten rauchgasanalytischen Methoden sind zu langwierig, um derartige Untersuchungen in einer für die Praxis anwendbaren Form zur Durchführung zu bringen. Eine Lösung wurde mit Hilfe des von der Firma Maihak, A.-G., auf den Markt gebrachten Rauchgasprüfers »Duplex-Mono« erreicht. Unter Benutzung dieses Apparates ist es bei der ausgearbeiteten Versuchsmethode möglich, gewisse Dauerbrandfeuerungen schnell und mit praktisch genügender Genauigkeit auf ihren Wirkungsgrad zu untersuchen. Bedingung ist dabei, daß während des ganzen Abbrandes sich der zur Verfeuerung gelangende Brennstoff in seiner Zusammensetzung nicht ändert. Das Verfahren, das also auch für Kessel mit automatischer Beschickung oder geeigneten Füllschächten anwendbar erscheint, ist in vorliegender Arbeit für die Untersuchung amerikanischer Dauerbrandöfen durchgeführt.

---

[1]) Fudickar, Untersuchungen an Kachelöfen, Oldenbourg 1917. — Brabbée, Verfahren zur Untersuchung von Kachelöfen, Oldenbourg 1921.

[2]) Bonin, Die Bedingungen für die Wirtschaftlichkeit des eisernen Ofens. »Der Hausbrand«, Heft 8 vom Oktober 1921.

B. Gesichtspunkte für die Untersuchung von Eisenöfen.

Die Veröffentlichungen über Versuche an Eisenöfen hinsichtlich ihrer Wirtschaftlichkeit enthalten bis zum Jahre 1920 keine wissenschaftlichen Arbeiten, sondern sind teils unterhaltende, teils allgemein belehrende Aufsätze.

Die wissenschaftlichen Untersuchungen der Hygienischen Institute[1]) der Universität Berlin betreffen in der Hauptsache die gesundheitliche Wirkung der Öfen, während ihre Wärmewirtschaft ohne zahlenmäßige Angaben behandelt wird.

Andere Forscher, z. B. Zweik[2]), begnügen sich damit, aus einer langen Versuchsreihe (z. B. 86 Tage) die mittlere Zimmer- und die mittlere Außentemperatur zu bilden, woraus mit Hilfe des insgesamt verfeuerten Brennstoffes die sich für einen Tag und 1° C Temperaturunterschied ergebende Brennstoffmenge dem Preise nach berechnet wird. In der zugehörigen Beschreibung wird der bauliche Zustand der für die Untersuchung gebrauchten Zimmer erörtert. Wieder andere Untersuchungen, die bei doppelmanteligen Öfen aus der Temperaturerhöhung der zwischen beiden Mänteln durchstreichenden Luft die vom Ofen abgegebenen Wärmemengen ableiten, geben bei der vollkommenen Vernachlässigung der durch Strahlung abgegebenen Wärme ebenfalls kein Bild über die Wärmewirtschaft der Öfen.

Es ist klar, daß solche Arbeiten hinsichtlich der Güte des Ofens gar nichts besagen. Hier wie auch in anderen mitgeteilten Untersuchungen fehlt für die Öfen der Vergleichsmaßstab.

Dieser wird durch Anwendung des Vergleichsverfahrens[3]) erhalten, das Prof. Dr. Brabbée geschaffen und zunächst für Kachelöfen angewandt hat. Später ist diese Versuchsweise von Prof. Dr. Brabbée auch für die Prüfung von Eisenöfen benutzt und dadurch erweitert worden, daß die Öfen als Ganzes auf empfindliche Wagen gestellt wurden[4]). Hierdurch war es möglich, den Brennstoffverbrauch der Öfen ohne Störung des Betriebes sehr genau festzustellen.

Das Vergleichsverfahren besteht darin, daß in zwei wärmetechnisch gleichen Räumen die Wirkung der beiden Versuchsöfen hinsichtlich ihrer Raumerwärmung beobachtet wird, woraus sich durch den Vergleich der bisher besten Bauart mit einem neuen Ofen feststellen läßt, ob eine weitere Verbesserung vorliegt oder nicht. Die Feuerung wird durch rauchgasanalytische Untersuchungen kontrolliert.

Derartige Untersuchungen reichen für die Prüfung von Dauerbrandöfen aus folgendem Grunde noch nicht aus: Die Zeitdauer, die dem Vergleich zugrunde gelegt wird, bleibt nämlich entweder dem Gefühl des Untersuchenden oder einer einmaligen Festsetzung überlassen, wobei auch die zweite Maßnahme wegen der verschiedenen verfeuerten Brennstoffmengen und der verschieden langen Brennzeit erhebliche Unsicherheiten zur Folge hat. Während in der Kessel- bzw. Zentralheizungsindustrie die Belastung des Kessels eine wichtige Rolle spielt, hat man dieser Frage bei den Eisenöfen noch nicht die gebührende Beachtung geschenkt. Viele Klagen über schlechte Wirkung der Öfen sind auf ein Vergehen in dieser Hinsicht zurückzuführen. Ist der Ofen zu klein, so muß er, um den an ihn gestellten For-

---

[1]) Hygienische Institute der Kgl. Universität: Bericht über Heiz- und Ventilationsversuche. Berlin 1890.

[2]) Zweik, Die Zimmeröfen der letzten 10 Jahre, Leipzig 1874.

[3]) Brabbée, Verfahren zur Untersuchung von Kachelöfen, Oldenbourg 1921.

[4]) Brabbée, Beitrag zur Brennstoffwirtschaft im Haushalt, Oldenbourg 1920.

derungen zu genügen, überlastet werden. Die äußeren Kennzeichen sind zu lebhafter Abbrand, großer Brennstoffverbrauch, hohe Abgastemperaturen.

Demnach ist für die vorliegende Untersuchung die Aufgabe gestellt: den Feuerwirkungsgrad von Eisenöfen in Abhängigkeit von der Belastung festzustellen. Ist diese Frage geklärt, so wird es nicht mehr schwer sein, die Öfen so auszusuchen, daß sie für die Hauptbetriebszeit richtig belastet sind und dabei mit hohem Wirkungsgrad arbeiten. Selbstverständlich ist für den Bau der Öfen die Bedingung aufzustellen, daß der Belastungsbereich, innerhalb dessen der Ofen einen guten Wirkungsgrad hat, nicht zu klein sei. Ein Ofen, dessen Wirkungsgradlinie der Kurve I (Abb. 1) entspricht, wird einem anderen überlegen, dessen Wirkungsgrad nach der Linie II verläuft, selbst dann, wenn der Höchstwert des Wirkungsgrades im zweiten Falle höher liegen sollte als im ersten.

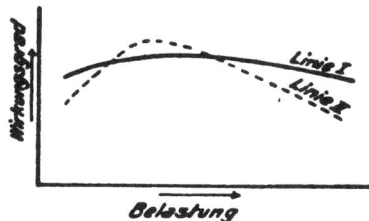

Abb. 1.

Während bei Kachelöfen die Festlegung des Begriffes Wirkungsgrad schwierig ist, weil zwischen einem Feuerwirkungsgrad und einem gar nicht scharf zu fassenden Raumwirkungsgrad unterschieden werden muß, fallen diese beiden Werte beim eisernen Dauerbrandofen im Beharrungszustand zusammen.

Um die erwähnten Belastungsversuche durchführen zu können, ist aber eine feuerungstechnische Untersuchungsmethode notwendig, die einfach und hinreichend schnell genügend genaue Wirkungsgradzahlen ergibt.

C. Die Rauchgasanalyse.[1])

Die gebräuchlichste und einfachste Art, die Zusammensetzung der Rauchgase zu untersuchen, ist die Untersuchung mittels des Orsatapparates. Bei ihm wird bekanntlich CO_2 mittels Kalilauge, CO mittels Kupferchlorür und O_2 mittels Pyrogallussäure absorbiert. Nach der Absorbtion jedes einzelnen Bestandteiles wird aus der restlichen Gemischmenge der Gehalt der Rauchgase an Kohlensäure, Kohlenoxyd und Sauerstoff in Raumteilen ermittelt. Während hierbei die Kohlensäurebestimmung einwandfrei und schnell vorgenommen werden kann, sind die beiden anderen Messungen nicht genügend genau. Bei Gasen, die schwere Kohlenwasserstoffe enthalten, beeinflussen letztere die Messungen des Kohlenoxyds so stark, daß einwandfreie Resultate, zumal bei den an sich kleinen Gehalten an Kohlenoxyd, nicht erreichbar sind. Die Bestimmung des Sauerstoffes mittels pyrogallussaurem Kali ist zu umständlich. Zur genauen Bestimmung ist einmal eine sehr sorgfältige, vor Lufteinflüssen geschützte Aufbewahrung der Reagenzflüssigkeit notwendig, anderseits erfordert die Reaktion ein mindestens drei Minuten langes dauerndes Schütteln, zwei Voraussetzungen, auf deren Erfüllung im praktischen Betrieb kaum gerechnet werden kann.

Genaue chemische Untersuchungsverfahren (Vollanalysen) erfordern die Entnahme des Gases in Proberöhrchen und sorgfältige Durchführung der Analysen in geeigneten Räumen. Zur Durchführung solcher chemischer Vollanalysen kann

---

[1]) Hempel, Gasanalytische Methoden, Braunschweig 1900. — Fischer, Die chemische Technologie der Brennstoffe, Braunschweig 1880.

man den ausgestalteten Orsatapparat (Orsat-Lunge) oder Deutzer Apparat benutzen.

Das Verfahren beruht darauf, daß zunächst schwere Kohlenwasserstoffe mittels rauchender Schwefelsäure, Sauerstoff mittels Phosphor und Kohlensäure mittels Kalilauge absorbiert werden. Das übrigbleibende Gasgemisch wird verbrannt. Aus dem zur Verbrennung benötigten Sauerstoff, der infolge der Verbrennung entstandenen Kohlensäure und der durch die Verbrennung hervorgerufenen Raumverringerung des Gasgemisches lassen sich die Bestandteile an Kohlenoxyd, Methan und Wasserstoff errechnen.

Sind schon diese Untersuchungsarten für die fortlaufende praktische Feuerungskontrolle zeitraubend, so kommt die genaue chemische Rauchgasprüfung, die, die Kenntnisse, die experimentelle Übung und die Apparatur eines ausgebildeten Chemikers erfordern, für praktische Verhältnisse kaum mehr in Frage.

Aus dieser Sachlage folgert die Erwägung: Welche Bestandteile muß man kennen, um aus der Zusammensetzung des Rauchgases mit hinreichender Genauigkeit die Verluste zu bestimmen, die infolge mangelhafter Verbrennung den Wirkungsgrad einer Feuerung verschlechtern? Dabei ist nach den Mitteilungen des Vereins für Feuerungsbetrieb und Rauchbekämpfung[3]) zu bedenken, daß die Verluste durch unverbrannte Gase, ausgedrückt in WE, nicht wesentlich voneinander abweichen, gleichgültig, ob Kohlenoxyd und Wasserstoff einerseits oder Methan anderseits zur Verbrennung gelangen. Es ist nämlich:

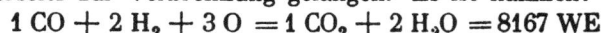

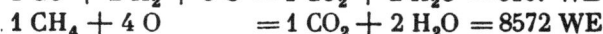

$$1 CO + 2 H_2 + 3 O = 1 CO_2 + 2 H_2O = 8167 \text{ WE}$$
$$1 CH_4 + 4 O = 1 CO_2 + 2 H_2O = 8572 \text{ WE}$$

Schwere Kohlenwasserstoffe, wie z. B. C_2H_4, treten nach den zahlreichen Erfahrungen der Versuchsanstalt bei Öfen nur in ganz vereinzelten Fällen auf und dann auch nur in solch geringen Mengen, daß sie die Versuchsresultate nicht merkbar beeinflussen.

Wäre alles Unverbrannte als CH_4 vorhanden, so beträgt der Fehler, den man gegenüber den wirklichen Verhältnissen (Vorhandensein von CH_4, CO und H_2 in bestimmten Mengenverhältnissen) macht:

4,71 vH bei Rauchgasen, die 100 vH Unverbranntes enthalten
0,47 vH » » » 10 vH » »
0,24 vH » » » 5 vH » »

Da selbst bei mittelmäßigen Feuerungen kaum 10 vH Unverbranntes auftreten, gute Feuerungen unter 5 vH Unverbranntes aufweisen, liegt der größtmöglichste Fehler innerhalb der sonstigen Fehlergrenzen derartiger Versuche.

Es ergibt sich sonach, daß für die Verlustberechnung die Ermittlung von Kohlendioxyd, Kohlenoxyd und Wasserstoff ausreicht. Diese Bestandteile werden schnell und fortlaufend mittels des Duplex-Mono-Apparates bestimmt, sofern man diesem Apparat noch eine Meßvorrichtung zuschaltet.

Das Prinzip des Mono (Abb. 2) beruht darauf, daß eine im Messinggefäß A abgemessene Gasmenge durch die Umstellvorrichtung B einmal auf dem Wege X durch den Apparat und das mit Kalilauge gefüllte Absorptionsgefäß D in ein Meßgefäß E gesaugt wird, ein zweites Mal auf dem Wege Y einen elektrischen Ofen C

---

[1]) Fischer, Die chemische Technologie der Brennstoffe, Braunschweig 1880.
[2]) Fudickar, Untersuchungen an Kachelöfen, Oldenbourg, 1917.
[3]) Feuerungsuntersuchungen des Vereins für Feuerungsbetrieb und Rauchbekämpfung in Hamburg, Berlin 1906.

durchströmen muß, in dem eine Nachverbrennung der Gase vorgenommen wird. Die Apparatur ergibt also einmal den Kohlensäuregehalt der Rauchgase, ein zweites Mal den Kohlensäuregehalt der Rauchgase zuzüglich der infolge der Verbrennung entstandenen Kohlensäure. Der Unterschied der beiden Anzeigen gibt den Gehalt der Gase an Unverbranntem.

Diese Anordnung ermöglicht es also, laufend sowohl den Kohlensäuregehalt, als auch den Gehalt der Rauchgase an Unverbranntem (im Sinne der Vorhergesagten, d. h. CO mit Einrechnung des dem CH_4 zugehörigen Kohlenstoffes) zu bestimmen.

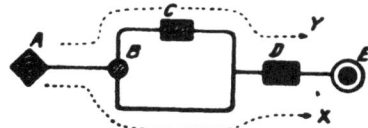

Abb. 2.

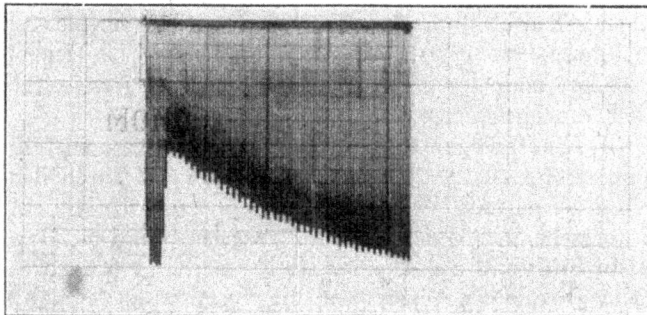

Abb. 3.

Die Bestimmung des Wasserstoffes läßt sich bei dem Mono-Apparat dadurch erreichen daß man die Gase vor dem Durchgang durch die Verbrennungskapillare

Abb. 4.

gut trocknet, ihnen nach dem Austritt aus der Verbrennungskapillare den infolge der Verbrennung entstandenen Wasserdampf entzieht und die betreffenden Gewichtsmenge feststellt.

Abb. 3 zeigt einen bei gewöhnlichem Betrieb aufgenommenen Diagramm-streifen des Mono-Apparates.

Abb. 4 zeigt die Ansicht des Mono-Apparates mit den zur Messung des Wasserstoffes vor und hinter die Verbrennungskapillare geschalteten Schwefelsäure-flaschen.

Vorteilhaft für die vorliegenden Untersuchungen ist der Mono-Apparat dadurch, daß er die Angaben fortlaufend aufzeichnet. Zufälliges Antreffen sehr hoher oder sehr niedriger Analysenergebnisse, wie dies bei Handanalysen und dem nicht immer ganz stetigen Brand eines Füllschachtofens vorkommt, ist dabei ausgeschaltet.

D. Bestimmung der Rauchgasmengen.

Bei der chemischen Prüfung der Rauchgase werden die Mengen der Einzelbestandteile in Raumteilen ausgedrückt. Um diese in absolute Mengen einwandfrei umzurechnen, bedarf man der genauen Feststellung der jeweils tatsächlich vorhandenen Gesamtrauchgasmenge.

Die von Fudickar[1]) eingeführte Messung der Rauchgase mittels Anemometer muß, wie schon veröffentlicht[2]), abgelehnt werden, weil durch den Einbau des Anemometers die Verhältnisse im Abzugsrohr je nach der Geschwindigkeit in einer nicht zu übersehenden Weise beeinflußt werden. Sind die Rauchgasmengen so gering, daß ein Stillstand des Anemometers eintritt, so werden durch den nun vorhandenen sehr erheblichen Widerstand die Verbrennungsverhältnisse im Ofen stark verändert. Verzichtet man auf die anemometrische Messung und verteilt anderseits die aus der insgesamt verfeuerten Brennstoffmenge errechnete Gesamtrauchgasmenge gleichmäßig über die Zeit, während der die Verbrennung erfolgt, so können in der Wirkungsgraderrechnung, wie Fudickar[3]) nachweist, Fehler bis 10 vH entstehen. Wie weit man den tatsächlichen Verhältnissen Rechnung trägt, wenn man annimmt, daß sich die gesamte Rauchgasmenge entsprechend den jeweils. festgestellten CO_2-Mengen über die Versuchszeit verteilt, bedarf noch der Klärung. Bei Eisenöfen, für die in dieser Arbeit ein Versuchsverfahren ausgearbeitet werden soll, liegt der Fall insofern einfach, als man mittels der bereits erwähnten Wage, auf der die Öfen stehen, in der Lage ist, den ganzen Versuch in beliebig kleine Unterabschnitte zu zerlegen. Letztere sind so zu wählen, daß für sie gleichmäßiger Abbrand angenommen werden kann. Die Kenntnis der jeweils verfeuerten Brennstoffmenge und die chemische Analyse der Rauchgase ermöglicht eine genaue Bestimmung der Rauchgasmenge.

E. Das Verbrennungsdreieck, seine Ausgestaltung und Benutzung.

Um die Rauchgasanalysen schnell auswerten zu können, wird das in der Literatur schon mehrfach angegebene Verbrennungsdreieck (Ostwaldsches Dreieck) benutzt, jedoch für die Zwecke der Arbeit entsprechend ausgebaut (Abb. 5). Das Verbrennungsdreieck zeigt ein rechtwinkliges Koordinatensystem, in dem der

---

[1]) Fudickar, Untersuchungen an Kachelöfen, Oldenbourg, 1917.
[2]) Brabbée, Verfahren zur Untersuchung von Kachelöfen, Oldenbourg, 1921.
[3]) Wa. Ostwald, Beiträge zur graphischen Feuerungstechnik, Leipzig 1920.
Seufert, Verbrennungslehre und Feuerungstechnik, Berlin 1921.
Seufert, Berechnung von Schaubildern zur Abgasanalyse, Z. d. V. d. I., 3. Juli 1920.

Gehalt der Rauchgase an CO_2 in vH als Ordinate und der Gehalt an O_2 in vH als Abszisse aufgetragen ist. Über dieses rechtwinklige Koordinatensystem ist ein zweites schiefwinkliges ausgebreitet, das als Ordinaten erstens den CO-Gehalt in vH und zweitens den Luftüberschuß der Verbrennung enthält. Diese beiden Koordinatensysteme sind derart miteinander verbunden, daß je zwei der vorhan-

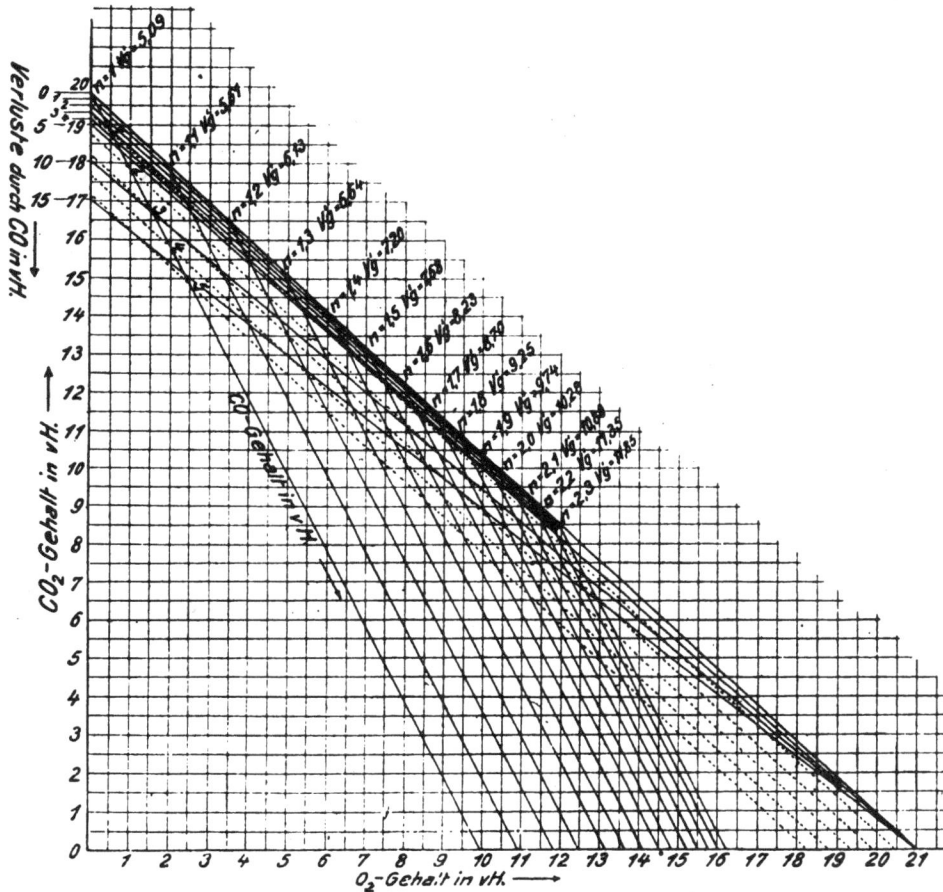

Abb. 5.

denen Größen die beiden anderen bestimmen. Ist also aus der Analyse der CO_2-Gehalt und der CO-Gehalt der Rauchgase bekannt, so erhält man aus dem Dreieck den O_2-Gehalt und die Größe des Luftüberschusses n. Aus letzterem kann man die Menge der Rauchgase je 1 kg Brennstoff berechnen, und zwar:

$$Vg = \text{Gesamtmenge der Rauchgase} =$$
$$= \mathfrak{B}_0\left[\frac{H}{4} + \frac{n}{0,21}\left(\frac{C}{12} + \frac{H}{4} - \frac{O}{32}\right) + \frac{O}{32} + \frac{N}{28,1} + \frac{H_2O}{18}\right]$$
$$V_g' = \text{Menge der trockenen Rauchgase} =$$
$$= \mathfrak{B}_0\left[\frac{O}{32} - \frac{H}{4} + \frac{n}{0,21}\left(\frac{C}{12} + \frac{H}{4} - \frac{O}{32}\right)\right].$$

Hierin bedeutet C, H, O, N, H_2O die aus der Elementaranalyse des Brennstoffes bekannten Mengen Kohlenstoff, Wasserstoff, Sauerstoff, Stickstoff und Wasser in Gewichtsteilen.

Es ist hier zwischen der Gesamtmenge der Rauchgase V_g und der Menge der trockenen Rauchgase V_g' zu unterscheiden. Das Dreieck wird zweckmäßig für die trockene Rauchgasmenge aufgestellt, weil sich die Angaben der Rauchgasanalysen stets auf die trockene Rauchgasmenge beziehen. Für die Verluste durch Wasserdampf sind entsprechende Berichtigungen vorzunehmen. Diese gestalten sich einfach bei Feuerungen, in denen fortlaufend gleiche Mengen gleichartigen Brennstoffes zur Verfeuerung gelangen (automatische Kesselfeuerung). Dann ist die aus der Elementaranalyse errechenbare Menge Wasserdampf entsprechend der jeweiligen Rauchgastemperatur in Rechnung zu setzen. Bei Feuerungen, in denen eine große Menge Brennstoff einmalig auf eine hohe Temperatur gebracht wird (Kachelofen, eisernen Ofen, Füllschachtkessel), wird man annehmen können, daß die Rauchgase sich zu Beginn der Verbrennung entsprechend ihrer Temperatur mit Wasserdampf sättigen, und zwar solange noch Wasser im Brennstoff vorhanden ist bzw. gebildet wird. Nach dieser Zeit findet eine Verbrennung des feuchtigkeitslosen Brennstoffes statt, wobei nun das vorerwähnte Verbrennungsdreieck maßgebend ist.

Wiederholte Nachrechnungen haben gezeigt, daß sich die Verdampfung des Wassers während des Anheizvorganges vollzieht, so daß für die Untersuchung von Öfen im Dauerbetrieb mit dem trockenen Rauchgasvolumen gerechnet werden kann.

Die errechneten Rauchgasmengen sind in das Verbrennungsdreieck einzutragen und es ergeben sich in den Linien gleichen Luftüberschusses gleichzeitig Linien gleicher Rauchgasmenge.

Die Verluste rechnen sich jetzt wie folgt:

1. Bestimmung der Verluste durch fühlbare Wärme in den Rauchgasen.

Ist während eines Beobachtungsabschnittes =

B die verbrannte Brennstoffmenge in kg,

V_g' die trockene Rauchgasmenge in $m^3/1$ kg Brennstoff,

$\mathfrak{C}p$ die spezifische Wärme der Rauchgase bei unveränderlichem Druck,

t_{Rg} die mittlere Rauchgastemperatur in ^{0} C,

t_z die mittlere Zimmertemperatur in ^{0} C,

so sind die Verluste durch fühlbare Wärme V_f während dieses Zeitraumes

$$V_f = B \cdot V_g' \cdot \mathfrak{C}_p \cdot (t_{Rg} - t_z).$$

Hierbei ist zu bemerken:

α) durch Unterteilung des Versuches in beliebig kleine Beobachtungsabschnitte kann die Genauigkeit der Verlustberechnung nach Wunsch erhöht werden,

β) die Bestimmung der während des Versuchsabschnittes verbrannten Brennstoffmengen wird, wie bereits erwähnt, durch Wägung vorgenommen,

γ) die errechnete Menge der trockenen Rauchgase bezieht sich auf 0^0 C 760 mm. Sie ist entsprechend der Rauchgastemperatur t_{Rg} mit $\dfrac{273 + t_{Rg}}{273}$ u multiplizieren.

ϑ) $\mathfrak{C}_p$ ändert sich sowohl mit der Rauchgastemperatur, als auch mit der Zusammensetzung der Rauchgase. Diese Änderungen sind aber für die bei Ofenfeuerungen in Betracht kommenden Temperaturen und Rauchgaszusammensetzungen in ihrer Wirkung auf das Untersuchungsresultat zu vernachlässigen. Man rechnet mit einem mittleren $\mathfrak{C}_p = 0{,}3$ hinreichend genau.

Hält man die Zimmertemperatur unveränderlich, z. B. $= 20^0$ C, was sich bei den Versuchen immer erreichen ließ, so kann man die Verluste durch fühlbare Wärme in vH V^1_f durch

$$V^1_f = \frac{V_g' \cdot \mathfrak{C}_p \cdot (t_{x_g} - t_z)}{H_u} \quad \text{ausdrücken.}$$

Da

$$V_g' = \mathfrak{V}_0 \cdot \left[\frac{O}{32} - \frac{H}{4} + \frac{n}{0{,}21} \left(\frac{C}{12} + \frac{H}{4} - \frac{O}{32} \right) \right]$$

ist, ergibt sich:

$$V^1_f = \frac{\mathfrak{V}_0 \cdot \left[\frac{O}{32} - \frac{H}{4} + \frac{n}{0{,}21} \left(\frac{C}{12} + \frac{H}{4} - \frac{O}{32} \right) \right] \mathfrak{C}_p (t_{x_g} - t_z)}{H_u}$$

Hierin sind n und t_{x_g} Veränderliche. Es lassen sich also unter der obigen Voraussetzung die Verluste durch fühlbare Wärme in vH in ein Koordinatensystem

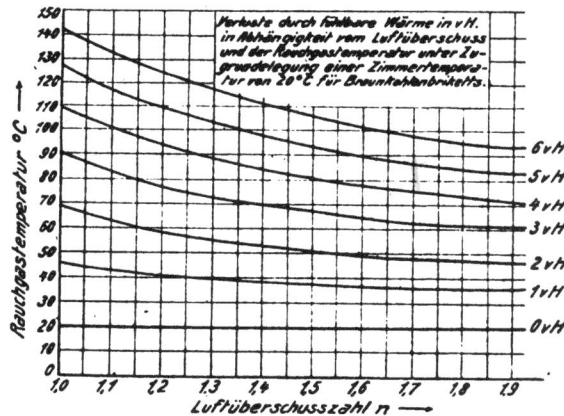

Abb. 6.

bringen, das als Abszisse die Luftüberschußzahl n und als Ordinate die Rauchgastemperatur t_{x_g} besitzt (s. Abb. 6). Nach dieser Darstellungsart können die Verluste V_f ohne Rechnung aus dem Diagramm abgegriffen werden.

2. Bestimmung der Verluste durch Unverbranntes in den Rauchgasen.

Bezugnehmend auf Seite 28 der Arbeit sind die Verluste durch Unverbranntes in den Rauchgasen so behandelt, als ob sie nur durch Kohlenoxyd und Wasserstoff hervorgerufen würden.

Führt man außer den unter 1. erwähnten Bezeichnungen ein:

$\mathfrak{v}$ (CO) $=$ vorkommendes Kohlenoxyd in vH,
$H_{CO} =$ Heizwert eines m³ CO bei 0^0 760 mm $= 3050$ WE,
$V_{CO} =$ Verluste durch CO in WE,

so ist

$$V_{CO} = \frac{B \cdot V_g' \cdot \mathfrak{v}\,(CO) \cdot H_{CO}}{100}.$$

Kennt man den unteren Heizwert des Brennstoffes H_u, so ist

$$\frac{V_{CO}}{H_u} \cdot 100 = \text{Verluste durch CO in vH}.$$

Diese Rechnung läßt sich noch vereinfachen dadurch, daß man für 1 kg Brennstoff die Verluste durch CO in vH in das Verbrennungsdreieck einträgt. Sind diese V_{CO}', so wird aufgetragen:

$$V_{CO}' = \varphi\,\{n,\, \mathfrak{v}\,(CO)\}$$

das heißt

$$\frac{V_g' \cdot \mathfrak{v}\,(CO) \cdot H_{CO} \cdot 100}{100 \cdot H_u} = \varphi\,\{n,\, \mathfrak{v}\,(CO)\}.$$

Die Auftragung ergibt Gerade gleicher Verluste in vH durch CO für 1 kg Brennstoff, wobei alle Linien die Abszissenachse im Punkte $O = 21$ schneiden (vgl. Abb. 5).

Man erkennt aus dem so vervollständigten Dreieck, in welcher Weise selbst kleines Vorkommen von CO bei großem Luftüberschuß zu erheblichen Verlusten führen muß.

Für die Ausrechnung hat man aus dem so vervollständigten Dreieck nur die Werte V'_{CO} abzugreifen und mit der verfeuerten Brennstoffmenge B zu multiplizieren, um die tatsächlichen Verluste durch CO in vH zu erhalten (bzw. mit $B \cdot H_u$ zu multiplizieren, um diese Verluste in WE zu erhalten). Hierzu ist zu bemerken:

$a)$ Für das tatsächliche Rauchgasvolumen gilt entsprechend dem unter 1. Gesagten die Korrektion

$$\frac{273 + t_{R_g}}{273}$$

$\beta)$ Die aus dem Dreieck abgegriffenen Werte von V'_{CO} (Verluste durch CO in vH für 1 kg Brennstoff) sind mit

$$\frac{273}{273 + t_a}$$

zu multiplizieren, worin t_a die Temperatur bedeutet, bei der die Rauchgasanalysen vorgenommen sind, um auch diese Werte dem Zustand des gesamten Verbrennungsdreiecks (0^0 760 mm) anzupassen.

Die durch die Rauchgasanalyse erhaltenen Mengen H_2 in vH sind sinngemäß in folgender Beziehung zu verwerten:

$$V_{H_2} = \frac{\mathfrak{v}\,(H_2) \cdot V_g' \cdot B \cdot H_{H_2} \cdot 100}{100 \cdot H_u}$$

worin außer den bereits erklärten Bezeichnungen $H_{H_2} =$ Heizwert für 1 m³ Wasserstoff $= 2570$ WE bei 0^0 und 760 mm bedeutet.

Die sonst noch in Rechnung zu setzenden Verluste durch Unverbranntes in den Rückständen und durch Ruß und Flugasche stehen in keiner Beziehung zum Verbrennungsdreieck und sind daher im Abschnitt Versuchsanordnung behandelt.

F. Das Entwerfen des Verbrennungsdreieckes.

Um die Auswertung der Analysen nach dem im vorigen Abschnitt Gesagten zu ermöglichen, muß man für den jeweils vorliegenden Brennstoff bekannter Zusammensetzung das Verbrennungsdreieck entwerfen. Hierbei ist wie folgt zu verfahren: Aus der Elementaranalyse des Brennstoffes erhält man in hundert Teilen des Gewichtes den Gehalt seiner einzelnen Bestandteile.

Es bedeuten:

C = Gehalt an Kohlenstoff,
H = Gehalt an Wasserstoff,
N = Gehalt an Stickstoff,
O = Cehalt an Sauerstoff,
H_2O = Gehalt an Wasser.

Dann errechnet sich (nach den bekannten Formeln) der Gehalt der trockenen Rauchgase an CO_2 und O_2 in Raumteilen bei vollkommener Verbrennung zu:

$$\mathfrak{v}\,(CO_2) = \frac{C}{12\,\mu} \quad \cdots\cdots\cdots \quad (1)$$

$$\mathfrak{v}\,(O_2) = \frac{n-1}{\mu}\left(\frac{C}{12} + \frac{H}{4} - \frac{O}{32}\right) \cdots \quad (2)$$

In diesen Formeln ist:

$$\mu = \frac{n}{0,21}\cdot\left(\frac{C}{12} + \frac{H}{4} - \frac{O}{32}\right) + \frac{O}{32} - \frac{H}{4} \quad \cdots\cdots \quad (3)$$

Sollen diese Formeln auch für unvollkommene Verbrennung[1]) gültig gemacht werden, so ist ein Ausdruck für den Grad der Vollkommenheit der Verbrennung einzuführen. Als Maßstab gelte der Teil des vorhandenen Kohlenstoffes C, der zu CO_2 verbrennt, während der Rest zur CO-Bildung verbraucht wird. Dieser Anteil sei v. Dann gelten für die Verbrennung allgemein die Beziehungen:

$$\mathfrak{v}\,(CO_2) = \frac{C\,v}{12\,\mu} \quad \cdots\cdots\cdots\cdots \quad (4)$$

$$\mathfrak{v}\,(CO) = \frac{C\cdot(1-v)}{12\,\mu} \quad \cdots\cdots\cdots \quad (5)$$

$$\mathfrak{v}\,(O_2) = \frac{n\cdot\left(\dfrac{C}{12} + \dfrac{H}{4} - \dfrac{O}{32}\right) - \left(\dfrac{H}{4} - \dfrac{O}{32}\right) - \dfrac{C}{24}\,(v+1)}{\mu} \quad \cdots \quad (6)$$

$$V_g' = \mu\cdot\mathfrak{V}_0 \quad \cdots\cdots\cdots\cdots\cdots \quad (7)$$

$$\mu = \frac{n}{0,21}\cdot\left(\frac{C}{12} + \frac{H}{4} - \frac{O}{32}\right) + \frac{O}{32} + \frac{N}{28,1} - \frac{H}{4} \quad \cdots\cdots \quad (8)$$

Zwecks Vereinfachung der Rechnung sei für die gesamte Rechnung:

$$\frac{O}{32} + \frac{N}{28,1} - \frac{H}{4} = A \quad \cdots\cdots\cdots \quad (9)$$

$$\frac{H}{4} - \frac{O}{32} = B \quad \cdots\cdots\cdots \quad (10)$$

Dann lassen sich die Gl. (6) und (8) wie folgt schreiben:

$$\mathfrak{v}\,(O_2) = \frac{n\left(\dfrac{C}{12} + B\right) - B - \dfrac{C}{24}\,(v+1)}{\mu} \quad \cdots\cdots \quad (11)$$

$$\mu = \frac{n}{0,21}\cdot\left(\frac{C}{12} + B\right) + A \quad \cdots\cdots\cdots \quad (12)$$

---

[1]) Nach Fertigstellung der Arbeit erschien in der Z. d. V. d. I. vom 15. Oktober 1921 die Veröffentlichung der analytischen Grundlagen des Verbrennungsvorganges bei unvollkommener Verbrennung von Professor Dr. Mollier: »Die Gleichungen des Verbrennungsvorganges« in der Herr Prof Dr. Mollier denselben Gegenstand behandelt.

Um nun das Verbrennungsdreieck zu entwerfen, rechne man für $n = 1$, $v = 1$ (vollkommene Verbrennung ohne Luftüberschuß) den CO_2-Gehalt aus, der als größtmöglicher Kohlensäuregehalt auf der Ordinatenachse liegen muß. Dieser so bestimmte Punkt wird mit dem Punkte auf der Abszissenachse $\mathfrak{v}(O_2) = 21$ verbunden, der den Grenzfall vollkommene Verbrennung bei unendlichem Luftüberschuß darstellt. Die Verbindungslinie ist gleichzeitig Ordinatenachse des zweiten schiefwinkligen Koordinatensystems. Bestimmt man jetzt auf der Verbindungslinie noch einige Werte für die mit Luftüberschuß stattfindende vollkommene Verbrennung ($v = 1$, $n > 1$), so kann man sämtliche anderen Linien unter Zuhilfenahme eines Hilfsblattes (Abb. 7) leicht entwerfen. Die Abstände der einen bestimmten Luftüberschuß festlegenden Punkte voneinander ändern sich nämlich auf der Linie der vollkommenen Verbrennung von $n = 1$ bis $n = \infty$, nach der in Abb. 7 angegebenen Beziehung. Danach sind zwei Punkte für $n = 1$

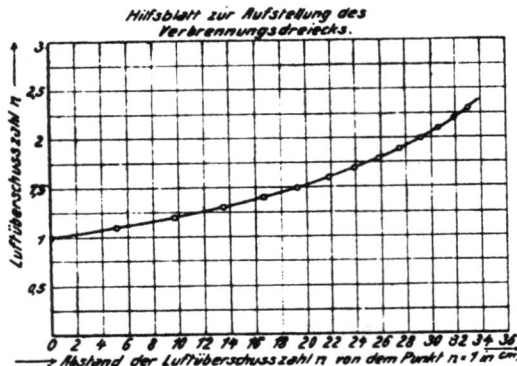

Abb. 7.

und $v < 1$ zu bestimmen, um die zweite Ordinate des schiefwinkligen Koordinatensystems festzulegen. Auf dieser Linie ändern sich die Abschnitte, die den Gehalt an CO angeben, linear, so daß die Bestimmung zweier Punkte für die Festlegung aller gewünschten genügt. Die Linien gleichen CO-Gehaltes liegen dann parallel zur Linie der vollkommenen Verbrennung, die Linien gleichen Luftüberschusses parallel zu der für $n = 1$ und unvollkommene Verbrennung festgelegten Linie.

Zur Einzeichnung der Linien der gleichen Verluste durch CO in vH rechnet man einen Wert von

$$V'_{CO} = \frac{V_g' \cdot \mathfrak{v}(CO) \cdot H_{CO}}{H_u}$$

unter Zugrundelegung eines bestimmten Wertes von $\mathfrak{v}(CO)$ und von V_g' aus. Da sich die Abschnitte der Linien gleicher Verluste durch CO in vH auf den Linien gleichen Luftüberschusses linear ändern, so genügt dieser eine gerechnete Punkt zur Festlegung aller anderen Punkte. Durch diese so bestimmten Werte legt man ein Strahlenbüschel mit dem Scheitel im Punkte $\mathfrak{v}(O_2) = 21$ auf der Abszissenachse, womit die Verluste durch CO in Hundertteilen festgelegt sind.

G. Versuchsanordnung.

Zu den Hauptversuchen wurde ein gewöhnlicher amerikanischer Dauerbrandofen der Buderusschen Eisenwerke benutzt (Abb. 8).

Als Brennstoff diente Koks, der nach der Analyse der feuerungstechnischen Abteilung des Instituts für Gärungsgewerbe folgende Zusammensetzung hatte:

Wasser (bei 105°)	2,32 vH	Asche	11,46 vH
Reinkohle	86,22 »	Kohlenstoff	66,29 »
Wasserstoff	1,13 »	Sauerstoff und Stickstoff	16,85 »
	Schwefel	1,95 vH	

Zur Bestimmung des Belastungsgrades wurde der Ofen auf eine Wage gestellt und die Belastung in der Weise festgestellt, daß die Zeitabschnitte bestimmt wurden, in denen der Ofen 100 g bzw. bei kleinen Belastungen 50 g verbrannt hatte. Die Messungen sind erst begonnen, nachdem der Ofen schon eine gewisse Zeit einen bestimmten Belastungsgrad eingehalten hatte, also im Beharrungszustand war.

Die Rauchgase sind in dem senkrechten Teil des Rauchrohrs mit einem über den ganzen Querschnitt reichenden und mit kleinen Öffnungen versehenen Entnahmerohr entnommen worden. Da die Gase kurz vorher durch ein Kniestück und durch den mehrfache Richtungsänderungen hervorrufenden Austritt aus dem Ofen gemischt sind, ist die Gewähr für richtige Analysen gegeben. Bevor die Rauchgase in den Mono-Apparat strömen, durchstreichen sie ein Filter zum Abhalten fester Verunreinigungen und einen Gastrockner zum Ausscheiden von Wasserdampf (Abb. 9).

Eine Ansicht der Versuchsanordnung zeigt nachstehende Abb. 10.

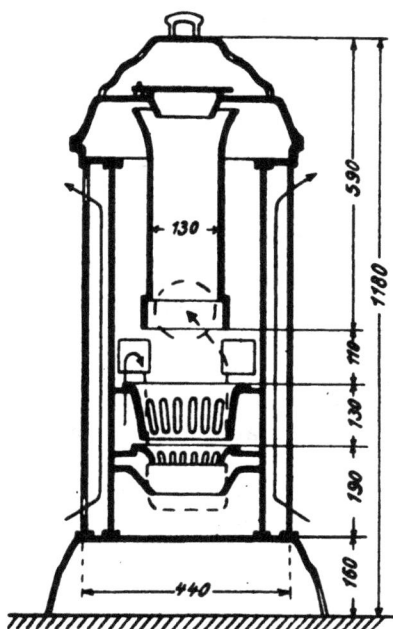

Abb. 8.

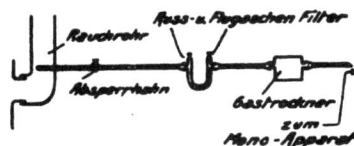

Abb. 9.

Die Verluste durch Unverbranntes in den Rückständen sind bei Dauerbrandöfen schwer zu schätzen, da laut Bedienungsvorschrift nicht mitverbrannte, noch brennbare Rückstände in die Feuerung zurückzuwerfen sind.

In Befolgung dieser Vorschrift wurde die Rückstandsmenge nach einem mehrtägigen Dauerbrand, während dessen die brennbaren Bestandteile in den Ofen zurückgeworfen waren, im Mittel zu 13 vH bestimmt.

Kennt man den Heizwert der Rückstände, so kann man für die Gewichtseinheit den Verlust durch Unverbranntes in den Rückständen errechnen.

Abb. 10.

Die Größe der Verluste durch Ruß und Flugasche wurde nach der von Fudickar angegebenen Methode bestimmt. Diese Verluste liegen zusammen unter 0,3 vH, wobei auf die Verluste durch Ruß rd. 0,25 vH entfallen, während in dem Ofen selbst sich Flugasche kaum abgesetzt hatte (0,1 g pro Betriebsstunde des Ofens). Gegenüber der Genauigkeit, mit der (wie vorher erwähnt) die Verluste durch Unverbranntes in den Rückständen ermittelt werden können, konnten diese beiden Verluste vernachlässigt werden. Bei derartigen Versuchen ist auch Rücksicht zu nehmen auf die im Schornstein sich absetzenden Flugaschen- und Flugbrennstoffmengen.

H. Vorbedingung für die Versuchsdurchführung.

Bevor die Versuche durchgeführt wurden, waren einige Vorfragen zu klären:

1. Es war zu prüfen, ob der zu den Versuchen benutzte Koks, während er im Füllschacht von den heißen Rauchgasen umspült wird, Veränderungen erleidet, die die Grundbedingung der Anordnung — gleichartiger Brennstoff — beeinträchtigt. Da der Koks bei seiner Herstellung Temperaturen von über 1000° C aufweist, im Füllschacht aber nur weit geringere Temperaturen auftreten, so war eine Beeinflussung unwahrscheinlich.

Dennoch wurde die Frage versuchstechnisch geklärt. Zu diesem Zweck ist dem Füllschacht nach vierstündigem starken Brand eine Brennstoffprobe entnommen und mit einer Probe des zur Verfeuerung gelangenden Brennstoffes verglichen worden. Aus den betreffenden Analysen ergab sich, daß:

im Heizwert ein Unterschied von . . . . 0,3 vH
im Kohlenstoffgehalt ein Unterschied von . . . . 0,8 »

bestand.

Diese Unterschiede konnten vernachlässigt werden.

2. Es war ferner zu prüfen, ob der Mono-Apparat die Kohlensäureanalysen richtig ausführt, d. h. ob das einmalige Durchperlen der Rauchgase durch die Absorptionsflüssigkeit genügt, um restlose Absorption zu erzielen. Zu diesem Zweck wurden, unter Benutzung der während der ganzen Versuche in Wirksamkeit gewesenen Kalilauge aus dem Auspuffrohr des Mono Gasproben entnommen und mittels Handanalysen nachgeprüft. Bei drei zu verschiedenen Zeiten entnommenen Proben konnte Kohlendioxyd auch nicht in Spuren festgestellt werden.

3. Vorkommender Wasserstoff wirkt nicht nur an sich entsprechend seiner unausgenutzten Verbrennungswärme als Verlust, sondern kann auch durch die Vernachlässigung der infolge Verbrennung von H_2 entstehenden Kontraktion als Fehler bei den Anzeigen des Mono-Apparates auftreten.

Diese Falschanzeige des Mono-Apparates läßt sich nicht vermeiden. Jedoch ist der entstehende Fehler bei den vorgenommenen Untersuchungen so gering, daß er vernachlässigt werden kann. Immerhin erscheint eine Prüfung für jeden zur Verfeuerung gelangenden Brennstoff unerläßlich, um die Fehlergrenzen festzulegen. Im vorliegenden Falle wurde während 43 Analysen auf Kohlenoxyd (d. h. während durch den Mono-Apparat 43 mal 100 cm³ Gas durchströmten) eine gesamte Verbrennungswassermenge von 0,014 g gemessen.

Nach der Formel: $2 H_2 + O_2 = 2 H_2O$ (4 Gewichtsteile Wasserstoff verbinden sich mit 32 Gewichtsteilen Sauerstoff zu 36 Gewichtsteilen Wasser) ist während jeder der 43 Analysen durchschnittlich $\frac{0,014}{9}$ g $= 0,0016$ g Wasserstoff vorhanden gewesen, d. h. je Analyse $= 0,000037$ g. Bei Zugrundelegung eines $\gamma_{H_2} = 0,09$ $_{g/l}$ ergibt das für je eine Analyse von 100 cm³ eine Volumänderung von

$$\frac{0,000037 \cdot 1000 \cdot 3}{0,09 \quad 2} = 0,63 \text{ cm}^3.$$

Dieses bedeutet, daß der mittlere Kohlensäuregehalt von 14,0 vH nicht auf 100 cm³, sondern auf 99,37 cm³ bezogen ist, daß er also in Wirklichkeit 13,92 vH betrug, wodurch ein maximaler Fehler in der Kohlensäuremessung von 0,08 vH entstand. Vergegenwärtigt man sich, daß die »Verluste durch Unverbranntes« sich bei normalen Feuerungen in engen Grenzen halten, so kann mangegenüber der Schnelligkeit und Bequemlichkeit des beschriebenen Versuchsverfahrens diese Ungenauigkeit wohl mit in Kauf nehmen.

J. Versuchsergebnisse.

Die Versuchsergebnisse sind nach Abb. 11 aufgezeichnet.

Die zahlenmäßigen Versuchsergebnisse erscheinen als Mittelwerte aus den graphischen Kurven in den anliegenden Zahlentafeln 1 und 2.

In diesen Zahlentafeln bedeuten:

$CO_2 =$ Kohlensäuregehalt der Rauchgase in vH,

$CO =$ Kohlenoxydgehalt der Rauchgase in vH,

$t_{R_g} =$ Rauchgastemperatur in ⁰ C,

$V_{CO} =$ Verlust durch Unverbranntes in vH.

Dieser Wert ist mit $\dfrac{273 + t_{R_g}}{293}$ zu multiplizieren.

$n =$ Luftüberschußzahl,

$V_f =$ Verlust durch fühlbare Wärme in vH.

Dieser Wert ist noch mit $\dfrac{273 + t_{R_g}}{273}$ zu multiplizieren.

$\Sigma_F =$ Summe der Verluste durch Unverbranntes und durch fühlbare Wärme.

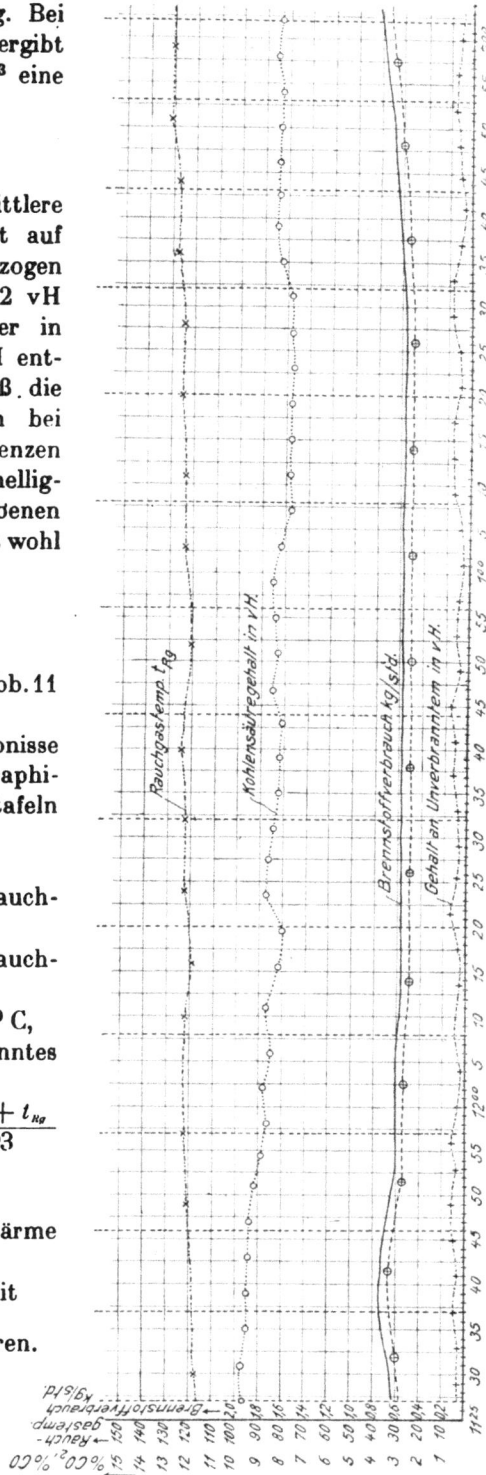

Abb. 11.

Zahlentafel 1. **Versuch vom 23. 8. 21.**

Nr.	CO_2%	CO%	t_{w}	$t_{w}+273$	V_{co}'	$V_{co}'\frac{273+t_{w}}{293}$	n	V_{f}'	$V_{f}'\frac{273+t_{w}}{273}$	$\geq V$
1	14,3	0,1	230	503	0,2	3,43	1,51	7,7	14,2	17,63
2	14,4	0,2	225	498	0,5	0,85	1,49	7,4	13,5	14,35
3	14,2	0,2	220	493	1,0	1,68	1,50	7,3	13,2	14,88
4	14,2	0,1	219	492	0,1	1,68	1,53	7,4	13,3	14,98
5	13,9	·0,1	223	496	0,1	1,69	1,57	7,8	14,1	15,79
6	13,7	0,1	223	496	0,1	1,69	1,59	7,9	14,3	15,81
7	14,0	0,3	223	496	1,0	1,69	1,52	7,5	13,6	15,29
8	13,9	0,3	228	501	1,2	2,05	1,52	7,7	14,1	16,15
9	14,0	0,3	227	500	1,0	2,06	1,52	7,3	13,3	15,36
10	14,3	0,5	228	501	2,1	3,59	1,46	7,4	13,7	17,29
11	14,7	0,2	229	502	1,0	1,71	1,46	7,45	13,7	15,41
12	14,5	0,1	229	502	0,3	0,51	1,49	7,6	14,0	14,51

Versuch vom 25. 8. 21.

1	12,1	0,8	123	396	3,5	4,73	1,69	4,2	6,09	10,82
2	11,9	0,7	126	399	3,0	4,08	1,72	4,4	6,44	10,52
3	11,7	0,9	127	400	4,0	5,47	1,73	4,5	6,59	12,42
4	11,8	0,7	128	401	3,0	4,11	1,73	4,5	6,61	10,72
5	11,7	0,6	132	406	3,5	4,86	1,77	4,8	7,14	12,00
6	12,0	0,7	137	410	3,5	4,90	1,71	4,8	7,22	12,12
7	11,9	0,8	139	412	3,6	5,07	1,71	4,9	7,40	12,47
8	11,7	0,5	142	415	2,8	3,97	1,78	5,3	8,05	12,02
9	11,3	0,8	139	412	3,7	5,20	1,79	5,2	7,84	13,04
10	11,5	1,0	137	410	4,4	6,16	1,73	4,9	7,36	13,52
11	11,4	0,6	139	412	2,5	3,52	1,81	5,3	8,00	11,52
12	11,6	0,7	141	414	3,2	4,52	1,78	5,4	8,19	12,71

Zahlentafel 2. **Versuch vom 27. 8. 21.**

Nr.	CO_2%	CO%	t_{w}	$t_{w}+273$	V_{co}'	$V_{co}'\frac{273+t_{w}}{293}$	n	V_{f}'	$V_{f}'\frac{273+t_{w}}{273}$	ΣV
1	8,6	0,3	122	395	2,0	2,69	2,45	6,0	8,68	11,37
2	8,3	0,4	121	394	2,2	2,96	2,48	6,0	8,67	11,63
3	8,4	0,4	121	394	2,6	3,50	2,48	6,0	8,67	12,17
4	8,2	0,5	123	396	3,5	4,73	2,50	6,1	8,85	13,58
5	8,4	0,4	121	394	2,6	3,50	2,48	6,0	8,67	12,17
6	8,3	0,4	122	395	2,2	2,97	2,48	6,0	8,68	11,65
7	7,8	0,6	123	396	4,0	5,41	2,60	5,9	8,53	13,94
8	7,8	0,6	124	397	4,0	5,41	2,60	6,0	8,72	14,13

Versuch vom 1. 9. 21.

1	5,8	0,7	115	388	6,0	7,95	3,3	7,6	10,8	18,8
2	5,8	0,6	113	386	6,0	7,91	3,4	7,7	10,8	18,7
3	5,6	0,6	111	384	5,0	6,55	3,6	7,9	11,1	17,7
4	5,0	0,6	108	381	6,0	7,80	3,9	8,5	11,8	19,6
5	5,0	0,6	106	379	6,0	7,75	3,9	8,2	11,4	19,2
6	5,0	0,5	106	379	5,0	6,47	4,0	8,5	11,79	18,2
7	5,0	0,7	99	372	7,0	8,88	3,8	7,3	9,95	18,8
8	5,0	·0,6	97	370	6,0	7,58	3,9	7,3	9,89	17,5
9	4,9	0,6	96	369	6,0	7,56	4,0	7,4	10,00	17,6
10	4,8	0,8	95	368	7,0	8,80	4,0	7,3	9,84	18,6
11	5,1	0,8	95	368	8,0	10,05	3,7	6,8	9,16	19,3
!2	5,0	0,7	95	368	7,0	8,78	3,8	6,9	9,30	18,1

Aus der Zahlentafel ergibt sich

bei einer Belastung von	die Summe der Verluste zu	d. i. ein Wirkungsgrad von
0,33 kg/h	18,5 WE	81,5 vH
0,58 »	12,6 »	87,4 »
0,78 »	12,0 »	88,0 »
1,32 »	15,6 »	84,4 »

Der Wirkungsgrad verringert sich noch um die Verluste durch Unverbranntes in den Rückständen.

Der untere Heizwert der verbliebenen Rückstände betrug 2857 WE/kg. Bei

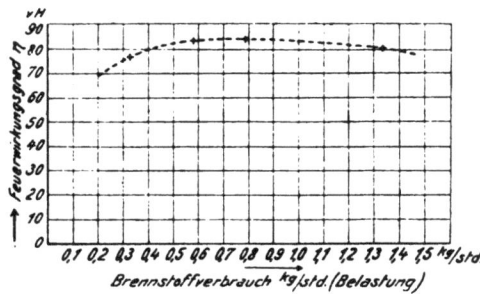

Abb. 12.

einem Anteil der Rückstände von 13 vH ergibt dies für 1 kg verbrannten Brennstoffes einen Verlust von $\dfrac{2387 \cdot 13}{100} = 310$ WE oder bei einem Heizwert des Brennstoffes von 6975 WE $= \dfrac{310 \cdot 100}{6975} = 4,5$ vH.

Unter Berücksichtigung dieser Ergebnisse folgt die Abb. 12 angegebene Wirkungsgradlinie des untersuchten Dauerbrandofens.

K. Zusammenfassung.

1. Es werden die bisherigen Versuchsverfahren für Einzelöfen besprochen und ihre Anwendbarkeit auf den eisernen Dauerbrandofen geprüft.

2. Es wird für Untersuchungen an eisernen Dauerbrandöfen die Notwendigkeit von Versuchen bei verschiedener Belastung auseinandergesetzt.

3. Zur schnelleren Versuchsdurchführung wird mit Hilfe des Duplex-Mono-Apparates der Firma Meihak und ausgestalteter Ostwaldscher Dreiecke die Möglichkeit einer hinreichend genauen und sehr schnellen Versuchsdurchführung angegeben.

4. Die Versuche sind für eiserne Dauerbrandöfen ausgeführt und deren Wirkungsgradkurven bei verschiedener Belastung erstmalig festgelegt.

Herrn Professor Dr. Brabbée möchte ich auch an dieser Stelle für seine wertvollen Ratschläge und seine Förderung meiner Arbeit meinen herzlichsten Dank aussprechen.

Der Vereinigung deutscher Eisenofenfabrikanten danke ich verbindlichst für die Bereitstellung von Mitteln zur Unterstützung der Versuche.

Ich, Gerhardt Brandstäter, bin am 19. November 1893 als Sohn des Realschullehrers Hermann Brandstäter und seiner Ehefrau Maria, geb. Arendt, geboren. Bis zum Jahre 1912 besuchte ich das Altstädtische Gymnasium in Königsberg i. Pr. und legte an diesem meine Abschlußprüfung ab. Ostern 1912 bis Oktober 1912 arbeitete ich praktisch in den Eisenbahnwerkstätten Königsberg. Oktober 1912 bis August 1914 studierte ich an der Technischen Hochschule Danzig. August 1914 bis Dezember 1918 war ich im Felde. Januar 1919 bis Mai 1920 studierte ich an der Technischen Hochschule Charlottenburg, wo ich Mai 1920 mein Diplom ablegte. Juni 1920 bis August 1920 war ich Volontärassistent, von da ab bin ich ständiger Assistent an der Versuchsanstalt für Heiz- und Lüftungswesen der Technischen Hochschule Charlottenburg.